DESIGN WISDOM

IN

小空间设计系列 II

COFFEE SHOP

咖啡店

（美）乔·金特里／编 李婵／译

辽宁科学技术出版社
·沈阳·

SMALL SPACE II

CONTENTS 目录

CASUAL- STYLE COFFEE SHOPS
休闲人文咖啡店

URBAN COFFEE SHOPS
大众时尚咖啡店

CASUAL-STYLE COFFEE SHOPS

休闲人文咖啡店

设计：KCA 康希建筑
摄影：尼克斯·瓦夫那迪斯
地点：希腊 斯巴达

40m²

如何将摇滚乐场景引入到咖啡吧内

Spirto 咖啡馆

设计观点

- 从咖啡吧名字中获得灵感
- 将主要摇滚元素如相关音乐和图像引入到空间内
- 巧妙运用材质

主要材料

- Panzeri 照明灯
- VK Hellas 轨道灯和射灯
- Vivechorm 墙面上漆和油漆
- Novamix 水泥防水涂料
- Drakopoulos 家具（ "Artemis" 和 "Issota" 扶手椅）

平面图

1. 座区
2. 吧台
3. 备餐区
4. 卫生间

+0.18

±0.00

背景

KCA 康希建筑最近完成的全新品牌项目 Spirto 位于全球著名的古老文化都市斯巴达（Sparta）的核心地区。联想到希腊文化里火柴（match）给人的感觉，Spirto 的名字由此而来，它代表的含义是简单（simple）、快速（snappy）、火热（fiery）。整间全日咖啡吧以其醒目的色彩以及奇特的名字在一条小型步行街上显得与众不同。

设计理念

Spirto 结合摇滚乐场景中常见的图像和音乐，以一种引人入胜的方式使整个空间主要的概念和生活方式成为现实。

蓝色金属几何形外立面与门上的红色推手及霓虹标牌相匹配。进入整个空间，顾客首先可以感受到来自水泥墙上的 Amy Winehouse 手绘肖像画的问候。这幅画像为周围的休息区打下基调的同时也展现了顾客的口味和个性。

一面长长的、充满活力的名人墙一直延伸到这个狭小空间的尽头。它几乎是由各种材料拼凑而成，表面显露的混凝土与周围光亮的绿色涂料很好地结合在一起。金属结构例如黑色钢筋网状结构和下方明亮的黄色穿孔板很好地在墙上贴合。

整体空间的美在于强烈的对比：粗糙的水泥和光滑的水磨石，色彩明亮的表面与布满凸显结构的材料以及纹理。旧的东西在新的物品以及不可期遇的熟悉的情怀结合下重新展现了活力。

设计：我爱设计工作室（I Like Design Studio）
摄影：素帕科恩·斯里萨库
地点：泰国 曼谷

如何通过极简理念诠释咖啡店蕴含的特有含义

无形咖啡店

设计观点

- 透明度
- 利用自然光
- 注重细节

主要材料

- 瓷砖、层压板、涂料

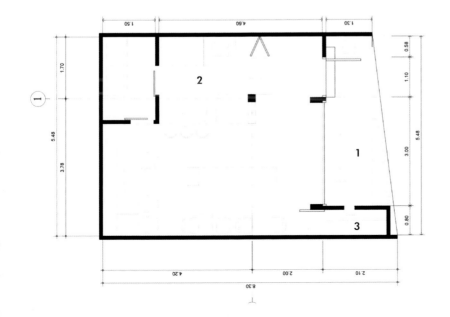

平面图

1. 室外休息区
2. 柜台
3. 储藏区

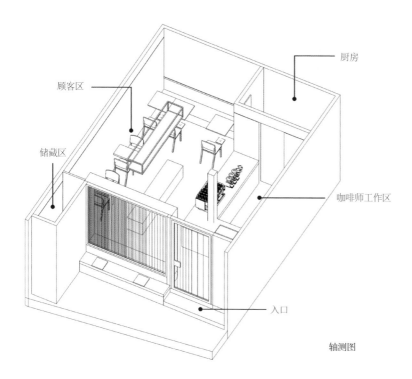

厨房

顾客区

储藏区

咖啡师工作区

入口

轴测图

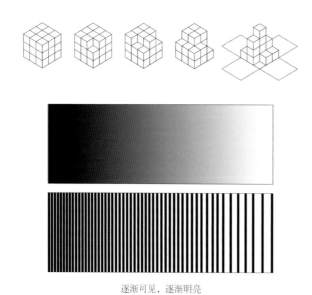

逐渐可见，逐渐明亮

示意图
从不可见到可见

背景

Thanapong Harirat Seri 是这家咖啡店的老板兼咖啡师，他一直坚信，对于任何事物，必须品尝之后，方知其蕴含的美味。他也是一名年轻的建筑师，由衷热爱咖啡和拿铁制作艺术，曾和哥哥一起去韩国探索关于咖啡的秘密。

他们一起学习咖啡师培训课程，并获得欧洲精品咖啡学会（SCAE）的文凭。最终，联手开了这家名为"无形"的 咖啡店。

设计理念

这一咖啡店推崇极简主义，其标语是"美味是无形的"，蕴含了其独特的理念，通过纯粹的设计来吸引眼球，如同美味吸引人的心灵一般。美味虽无形，但却真实存在。设计理念即诠释了其背后的真正意义。

设计师在室外放置了一条长凳,供来往的路人休息。纯白色的外墙上开了一扇巨大的窗,将室内外巧妙地联系起来。天然木材打造的幕帘增添了空间内的休闲气息,同时也在一天中恰当的时间留下斑驳的光影效果,特色十足。

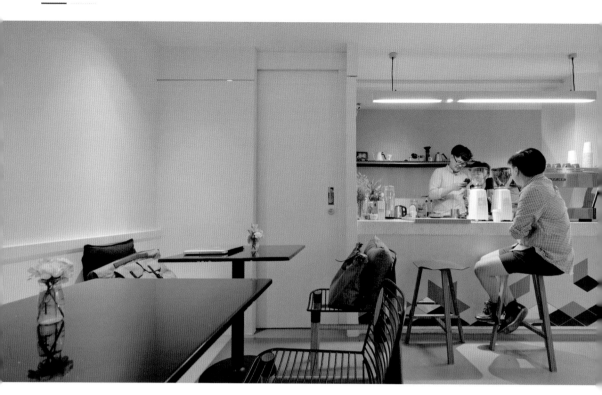

咖啡店内部空间被分割成两个区域——顾客区和咖啡制作区，其中顾客区可容纳15位客人。大部分材料以白色和浅灰色为主，咖啡吧台立面上使用瓷砖拼合成盒子造型图案，立体感十足，格外引人注目。

顾客区运用多种材料装饰，包括木材、钢材、混凝土和大理石。同时，北欧风家具、工业风灯饰、木质座椅以及桌子上摆放的鲜花共同营造了一个温馨的空间。

设计：Maoom 设计工作室（Design Studio Maoom）
摄影：Soulgraph 摄影工作室
地点：韩国 首尔

50.5m²

如何打破传统咖啡店的形象营造全新的顾客体验

山丘咖啡馆

设计观点

- 运用多样化的设计语言
- 打破传统的"空间"概念

主要材料

- 地面——红砖（4200 块）、水泥砖（2880 块）
- 墙壁——白色涂料墙板
- 家具——照明板、石板（吧台）
- 木板（后侧吧台）、红砖（长椅）

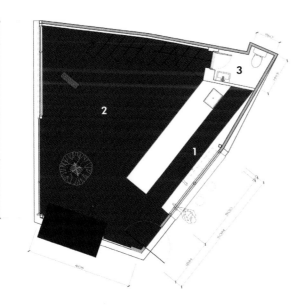

平面图

1. 咖啡师吧台
2. "小山"休息区
3. 卫生间

背景

位于延南洞小巷角落的"山丘"格外引人注目，这其实是一个小咖啡馆，你可以随意选择一个地方，享用一杯咖啡，而这就成了你自己的空间！

设计理念

这个小咖啡馆完全摒弃了传统的"需要桌子板凳来坐下的空间"的概念，从低矮的山丘中寻找灵感，在这里你的视线所及就是空间和风景。这里汇集了不同的坐卧方式去来克服不舒适的感觉，是一个全新体验的开始。

第一步

第二步

这里没有座位，但又随处可坐

第三步

第四步

屋顶与天窗

大拉门

设计元素

咖啡店的总面积为 50.5 平方米，除去咖啡制作区和行走动线空间，剩余面积（山丘空间）约 42.05 平方米。其中地面和家具由 7000 块砖打造。砖之间的缝隙根据所在位置调整预留 10 至 15 毫米。

小山

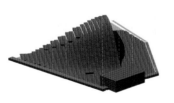

示意图

"山丘"是一个可以坐下放松一刻的地方，一个很多人向往的休憩的地方。

在潜意识里，人的感官被相似的经历驱动着，而这里恰好就是能让人彻底放松下来的场所。独特的风景随着自然时光的变化而变化，在天花板闪耀的自然光线将随着时间在"山丘"上停留。

吹过咖啡馆的风摇曳着竹叶，而映照在镜子里的落日则营造出另一种色彩氛围。夕阳西下，夜幕降临，咖啡师面前的制作台瞬间变成一个闪亮的舞台，仿佛藏在山丘之后的那轮明月。

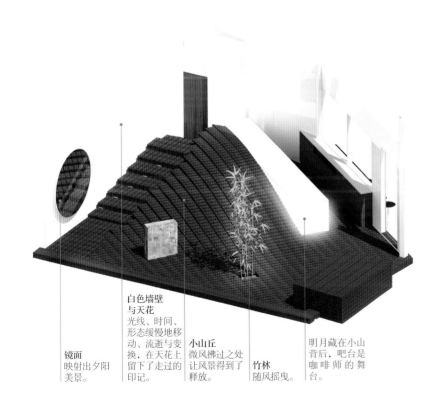

镜面
映射出夕阳美景。

白色墙壁与天花
光线、时间、形态缓慢地移动、流逝与变换，在天花上留下了走过的印记。

小山丘
微风拂过之处让风景得到了释放。

竹林
随风摇曳。

明月藏在小山背后，吧台是咖啡师的舞台。

通向洗手间的楼梯也可以通向"山丘"最
高点，营造出一种消失在山丘之后的感觉。
而同时这个最高点也是人们休憩时视线的
交会点。

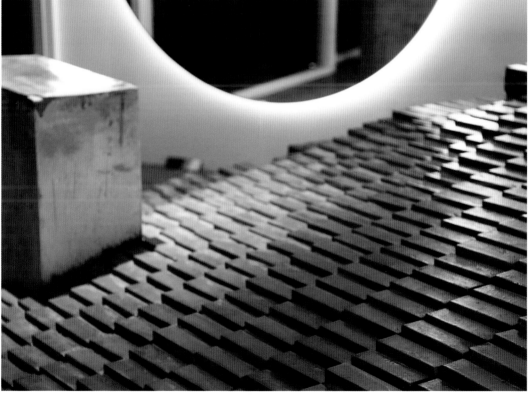

设计：LABOTORY 建筑设计公司
摄影师：崔永军
地点：韩国 首尔

如何打造一个可以和顾客共鸣的咖啡空间

Oriente 咖啡店

设计观点
- 在空间中注入情感
- 在简约设计风格中融入现代美学

主要材料
- 外立面——碾压混凝土
- 地面——水磨石
- 墙面——纳米涂层碾压混凝土
- 天花——涂料

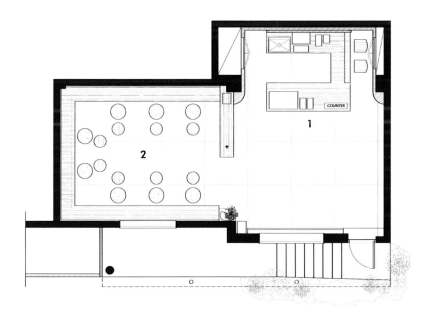

平面图

1. 吧台
2. 座区

背景

这家咖啡馆出售韩国传统手工小吃,由位于汉南洞小巷尽头的一家电器行改造而来,其诞生源于客户的需求,即"我喜欢涵盖东方美学的空间"。为此,设计师在空间中注入一丝亚洲或韩国美学元素,同时通过其与现代简约风格的融合制造情感。

设计理念

空间不仅需要营造美丽的视觉效果,还需要为顾客提供独特的情感体验。 在这一地区,咖啡馆数不胜数,但设计师希望"Cafe Oriente"会成为一个独特的地方,能够与到来的顾客产生共鸣,而不仅仅是一个喝咖啡的地方。

设计师大量引入了韩国传统住宅的元素，
"匸"结构（庭院在中间）确保了整体的
稳定性，带有精致曲线的遮阳棚构成了室
内外连通的桥梁，将庭院的宁静氛围悄然
引入室内。奶油色的传统纸板、木头以及
粗犷的大理石共同打造了一个独一无二的
空间。

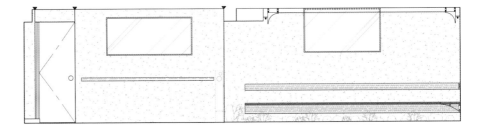

立面图

首先，"匸"布局源自传统韩屋。

顾客沿着"匸"结构边线步入咖啡店，抬眼就会看到呈现同样造型的吧台和座位区（中心区域是庭院）。这一设计的优点是既确保了空间稳定性，同时更巧妙地实现了吧台与其他空间的分离，增强各自的独立性。

其次，室外遮阳棚的精致曲线同样被运用到室内其他结构上。

吧台上方的天花以及垂直墙面的交汇处都采用同样的曲线造型，营造空间焦点的同时，更增添了活力，使得半地下的空间结构得以充分利用。间接照明在视觉上增强了天花的纵深，看起来犹如悬浮在半空中。另外，便携式家具和内嵌式家具同样采用了曲线造型。

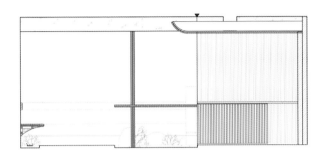

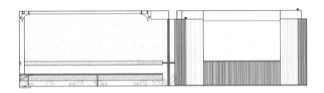

立面图

再次，传统韩屋的门厅被引入进来。

在韩国，门厅被称作"Twet Maru"，用于室内外之间的连接结构。设计师在座位区充分运用这一元素，让原本半地下的空间同样给人带来向外延伸的感觉。为了避免地下那种黑洞洞的氛围，专门在座位底下打造了迷你小花园，增添了空间的舒适度。

最后，传统韩屋的多种元素都被运用到了咖啡店内。

吧台、墙面以及家具都使用天然木材打造，奶油色的传统韩式纸板运用到天花上，营造了温馨的空间环境。旧时的气息与传统韩屋的粗糙形成对比，而不同材质的融合则营造了一个全新的形象。正如圣—埃克苏佩里（Saint Exupery）所说："所谓完美并不是说无法增加其他事物，而是每一件东西都不能被抛弃。"Oriente 则是对其最佳的诠释，是传统韩式美学与现代简约风格的完美融合。

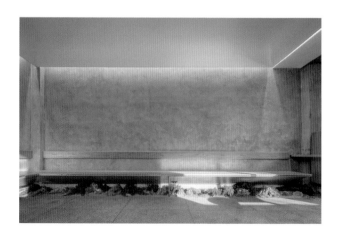

设计：乔尼·莫提
摄影师：艾德蒙·布里霍恩
地点：澳大利亚 墨尔本

59m²

如何营造一个都市绿洲

对抗磨难咖啡店

设计观点

- 在空间中融入巴厘岛风格精髓
- 强调现代波希米亚风格

主要材料

- 混凝土、黄铜

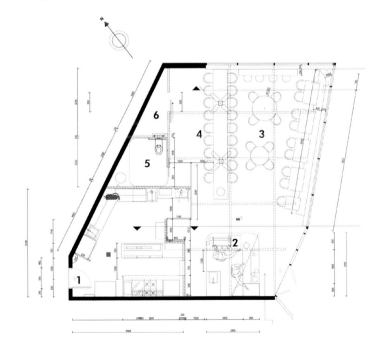

平面图

1. 入口
2. 吧台
3. 座区
4. 长桌区
5. 卫生间
6. 员工储物区

背景

这一咖啡店融合了现代波希米亚风格和传
统热带风情，并且巧妙地捕捉了客户最为
珍爱的巴厘岛精神精髓。整体空间呈现出
恬淡的乡野气息，与店内食物相得益彰，
并充分彰显了设计师的特质。

设计理念

设计师充分考虑了品牌与室内空间的统一
性，将商业空间打造成一个真正的热带休
闲胜地。

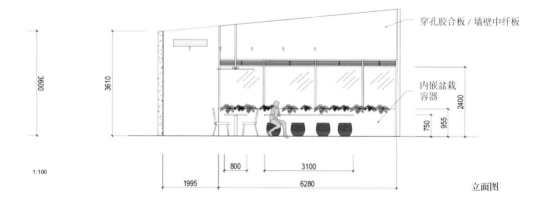

穿孔胶合板／墙壁中纤板

内嵌盆栽
容器

3600

3610

2400

955

750

800

3100

1995

6280

1:100

立面图

一张波希米亚风格长桌几乎占据了咖啡店的大半空间，打造了温馨的共享家庭体验。长桌边缘摆放着一只带缺口的黄铜大碗，既用作直饮装置，又被赋予了特殊的意义，即象征着巴厘岛的宁静与平和。 长桌后面的墙壁上采用黑白色的老爷爷画像装饰，历经沧桑的面孔和简朴的礼服让人不禁将其视为天真和智慧的化身。长桌上方天花上悬挂的黑色喷漆木质风扇轻轻摆动，带来了热带气息的微微清风。

这一咖啡店不仅仅是将亚洲热带风格成功移植到澳大利亚的土地上，更是对墨尔本咖啡文化的完美补充。吧台呈现弯曲造型，营造流动感的同时，更突出了无缝的接待体验。然而，这并不意味着没有灵魂。墙壁表面采用混凝土粉饰，古老的分化工艺处理方式使其看起来似乎不够完美，但却营造了古老的气息。经常被忽略的卫生间也延续了现代波希米亚风格与热带特色相结合的主题。最后，设计师充分考虑了不同顾客群体的需求，灵活打造了不同风格的座区：70% 的长桌区（公共交流），20% 的四人或二人区（私密交谈）以及10% 的温馨区（亲密情侣）。

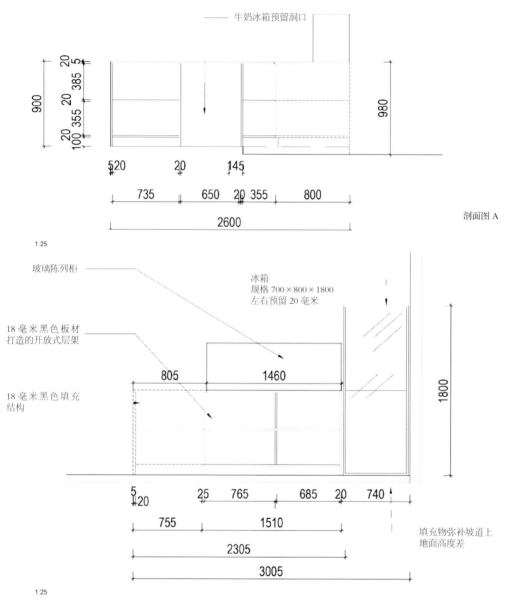

牛奶冰箱预留洞口

剖面图 A

1:25

玻璃陈列柜

冰箱
规格 700×800×1800
左右预留 20 毫米

18 毫米黑色板材
打造的开放式层架

18 毫米黑色填充
结构

填充物弥补坡道上
地面高度差

1:25

剖面图 B

3

pick one protein

- poached chicken
- seared sesame seed salmon
- fried tofu
- soft poached egg
- terriaki beef

pick one dressing

- tahini lemon
- nam chim
- ginger soy
- red thai

设计方案的关键挑战是在墨尔本郊区的新建筑中成功地创造巴厘岛的真实性，而这周围则环绕着未建成的街区。沿窗摆放的热带盆栽植物不仅在视觉上提升了空间的高度，增添了活力和色彩，更是巧妙地营造出一处宁静的亚洲风格的绿洲，尤其是从窗外看进来，别具特色。地面设计面临的挑战是在保证纯粹的白色的同时，又要避免诊所的感觉。最终，采用混凝土和环氧树脂打造，白色基调下带着几分粗粝气息，非常适合咖啡店这种动线繁忙的空间。家具选择方面，设计师将现代风格物件与来自热带山区的传统坐凳巧妙结合在一起，丝毫没有突兀感。天然藤条用于模仿竹子，在现代气息的黑色绑绳的映衬下更显突出。手动大水壶、定制木盘以及手工烧制水杯无一不切实地体现了品牌自身的特色。

设计：平介设计（苏州平介建筑科技有限公司）
摄影师：郑庆龄、张世杰
地点：中国 上海

如何打造一个人与猫轻松互动的舒适场所

田子坊里的撸猫体验馆：猫之一隅

设计观点

- 深入分析原有场域特色
- 充分利用每一处空间

主要材料

- 白蜡木

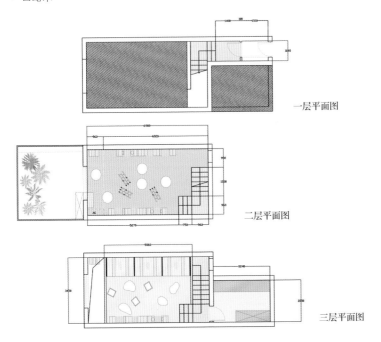

一层平面图

二层平面图

三层平面图

背景

撸猫馆位于上海市著名传统商业街区田子坊内，是一个一层只有一个过道，二层和三层为主要使用空间的非典型商业店铺，需要对空间进行重新设计和改造，成为猫作为原住民和24小时体验性使用者的空间，在为猫提供舒适空间的同时，为铲屎官们提供一个轻松愉悦的与猫互动的场所。

设计理念

整个设计以猫咪为起点，设计能让猫咪舒适度最大化的空间，猫作为空间的主体，而人成了空间的客体。使用三个巨型爬架，塑造一个让猫直接上到三层，从地面嗖的一下露出脑袋的空间，让铲屎官们感受到意外的惊喜。斜插的三个爬架成为空间的主题，让猫咪们有安全感的屋形猫窝在墙上跳动，通过小型爬梯联系猫窝，为猫主子们创造飞檐走壁的可能性。地面采用柔软的地毯，方便客人们坐在地上享受与猫咪亲近的时光。客人们参与的不过是猫咪生命中的短短一瞬，但却能得到这些可爱生命的馈赠，让整个一天都变得柔软起来。

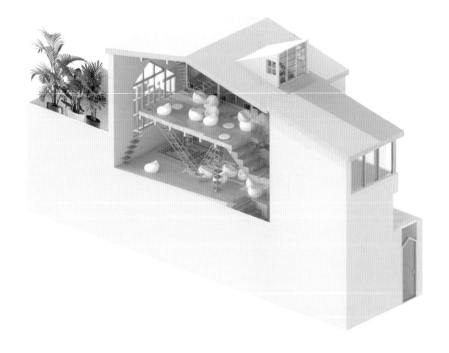

概念图

门头
在原始墙面设置屋形门头，提高猫之一隅
在拥挤的田子坊街道尺度的可识别性。

入口
调整了原始陡峭的踏步，增加台阶，保证
铲屎官们体验的安全性。在入口区设置免
洗洗手液及拖鞋，保证铲屎官们在进入撸
猫馆之前病菌被消灭。同时设置墙壁上的
画作作为游客自拍点。

原始二层与三层是一个相对规整的室内环境，墙面斑驳，不适合猫咪的长期生活。改造后，在二层和三层之间置入四个爬梯，其中一个为环形喂食架，方便猫咪从二楼空间直接爬向三楼。后因为空间效果，取消了环形喂食架，整个二层空间有三个猫爬架作为猫咪登高到三层，并露出脑袋的快速通道。同时在墙面设置大量的猫窝和猫爬架，供猫咪嬉戏玩耍。将原始的方形大窗也修改成屋形，保持室内完整的猫屋形象。从入口的门框、墙壁的灯饰到猫咪

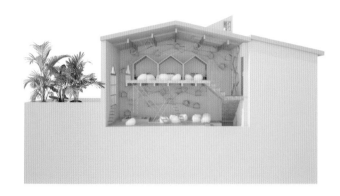

剖面图

的爬架和猫窝，考虑到耐久性能，使用白蜡木作为统一的室内装饰材料。二层爬架的洞口位置，成了猫咪们极其喜爱的栖息和打斗场所。猫主子们扭着小腰一步一个台阶的向上或者向下爬，成了现场一道亮丽的风景线。

铲屎官们上楼的场所也毫不意外地成了猫主子们玩耍的地盘，在墙面上采用猫窝的形象，塑造大面积的光源。同时对原有的玻璃窗进行改造，创造一个形制一致的墙面效果。

在三层休息区设置屋形固定座位，供客人们更加舒适的撸猫。同时在座位之间设置圆形洞口，保证猫主子们的来去自如。

由于二层通向三层的猫爬架在三层的地面上造就了三个较大的洞口，会对客人的安全产生威胁，在现场设计中，采用飘浮的屋形盒子，阻隔在人行流线的半身处，在视觉上提醒客人下面有惊喜的同时，保证了客人的人身安全。

屋形的猫窝通过开洞和猫爬架相互串联，在墙面上形成一整片活动区，使得猫咪们可以自由玩耍探索。猫爬架形成的特殊光影，也为猫咪们提供了新的趣味。

设计：深点设计
设计团队：郑小馆、黄炳森、陈槿珊
摄影：万嘉
地点：中国 广州

60m²

如何诠释一个关于造梦、家人和爱的
主题咖啡空间

瑶・咖啡

设计观点

- 通过设计手法解读设计背后的故事
- 巧妙运用灯光

主要材料

- 耐霆1号水性瓷化墙漆

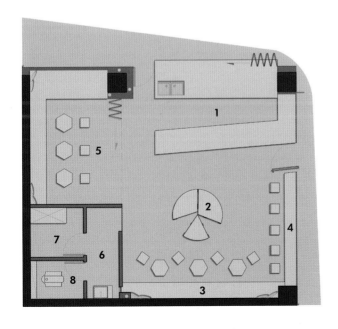

平面图

1. 水吧台
2. 多功能中心区
3. 卡座区
4. 高吧区
5. 多功能室
6. 洗手间
7. 储藏室
8. 卫生间

背景

瑶，是店长 Mario 女儿的名字，是石之美
者。Mario 的妈妈钟爱咖啡，但总是只能
喝速溶咖啡。为了让妈妈喝一杯好咖啡，
Mario 开始研习这种饮料。渐渐地，他从
一无所知的小白变成咖啡的追梦者。在希
腊语中"Kaweh（咖啡）"的意思是"力
量与热情"，也许正因这种魔力，原本木
讷少言的 Mario 变得侃侃而谈，甚至会给
每个人配咖啡。后来，当萌生做个咖啡馆
的念头时，他第一时间就想到了"瑶"。
就这样，"瑶·咖啡"便应运而生了。

"瑶·咖啡"位于广州越秀老区里，某个
不起眼的街角。它是藏在老街深处的一抹
白，微微探出钢板招牌，清清冷冷地用小
篆书了一个"瑶"字。如果略微粗心，你
可能就此错过一个特别的咖啡馆，以及会
为你特制咖啡的 Mario。

设计理念

设计师郑小馆说：将"瑶·咖啡"从理想搬进现实，经历了一波三折。我将这理解为"好事多磨"。细细磨砺的咖啡更香；经过时光磨砺的"瑶·咖啡"，更有温度和情怀。为了最大化呈现生活感，他采用最古朴原始的元素：白色＋纯水泥。不论是天花裸露的面貌，还是白漆的外观，都最洁净地呈现自我，与周围格格不入。晚风拂过，风移影动，珊珊可爱。

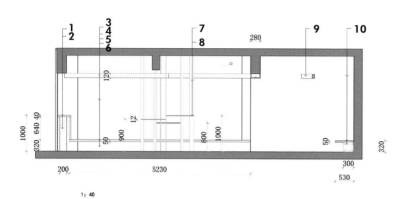

立面图 A

1. 水泥漆
2.12mm×2mm 钢化清玻璃
3. 蓝色漆
4. 水泥漆
5. 水泥漆
6. 水泥漆
7.20mm×40mm 或 20mm×60mm 铅通 (蓝色渐变灰色)
8. 定制 12mm 钢化清玻璃
9. 蓝色漆
10. 水泥油

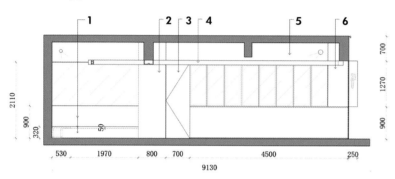

立面图 B

1. 水泥漆
2. 水泥漆
3. 水泥漆
4. 蓝色漆
5. 黑色漆
6. 黑色漆

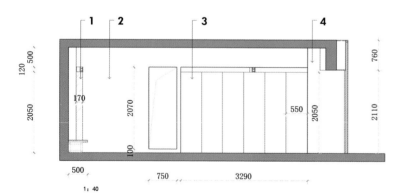

立面图 C

1.12mm 清玻璃
2. 水泥漆
3. 灰色漆
4. 水泥漆

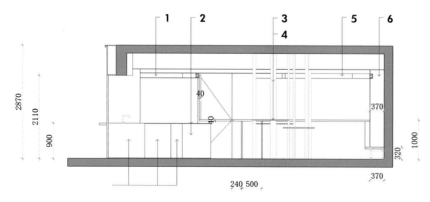

立面图 D

1. 蓝色漆
2. 黑色烤漆玻璃
3. 20mm×40mm 或 20mm×60mm 铅通 (蓝色渐变灰色)
4. 定制 12mm 钢化清玻璃
5. 蓝色漆
6. 水泥油

如若你从外面的街角看去，会恍惚地以为那被光影圈着的所在，在周边古朴破落的掩映下，堪堪就是一块无瑕美玉啊！没错，基于"瑶"这个关键字，郑小馆运用笔挺的光影萦绕咖啡馆，正如匠人在石头上精心切割出美玉一般。招牌是用4毫米厚的钢板制成，深蓝为底，小篆一笔一画地写了"瑶"字。初见第一眼，你可能不知道"瑶"到底是什么。可它就是倔强孤傲地挺立着。那从秦始皇时期沿袭下来的小篆，以圆为主，圆起圆收，方中寓圆，圆中有方，富有奇趣。空间分割均衡和对称是篆书的独特魅力。不仅如此，设计师还精心处理了字体，将笔画向外拉，像味蕾得到满足的舌头。倘若你是清晨到访的，那你便会邂逅Mario的早餐。透过可开可闭的折叠窗，你可以看到脸圆圆的Mario正在小而精致的工作台忙碌。以纯手工的窗，敬纯手工匠人。

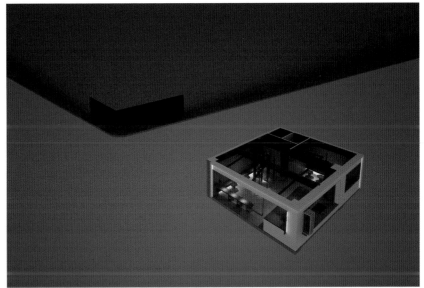

示意图

推门而入，上空的灯桥最为瞩目。蓝色木作，始于玻璃门、穿过会议室、路过洗手间、落脚于大厅，最后回归原点——门。灯桥的走向正如人生的起伏：随着时光流逝，人生阶段不断推进，当来到这一刻，薄积厚发的能量喷涌而出。倾泻而下的灯光就像迸发的能量，象征光明，让人看清当下，不迷失方向。

再向下一些，灯桥穿过三块玻璃，从蓝色渐变成灰，最后融入灰色的地板。这也是"瑶·咖啡"最重要的部分——让不同身高的人都能舒适而立，站着喝咖啡。你可以和三两好友轻靠柱子，相谈甚欢。

沿着这片灰色向上看，你会惊诧于大模大样裸露着石头的天花板——这也是设计师故意为之的，让石头本身的样子一览无余。这座老楼经历了四十年的时光，时光的痕迹让人沉醉，也最真实。被时光雕刻的水泥天花板自带家的亲近，消除距离感。客人仿佛在拜访朋友家，而非一场平平无奇的交易。

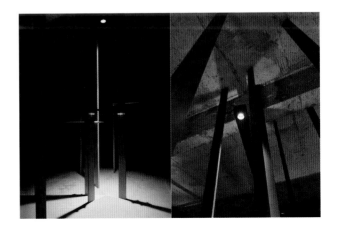

低处放置的茶几和凳子也十分可爱。茶几是黑色烤漆玻璃制成的六边形，介于方圆之间，透出一股中庸、平衡之道。凳子也是设计师亲手设计的，和灰色的墙体相融，带着天生的自然亲近。

更深处，是多功能会议室：拉上折叠门，
人们可以开会、聚会，甚至独处；拉开折
叠门，又是"瑶·咖啡"里的另一个角落，
你可以旁若无人地发呆、放空、冥想。

设计师说：洗手间也是店内纯洁的一面，
它很重要。于是他用纯洁的线光作为唯一
光源。洗手盆采用建筑用的防水防晒模板，
保留它原有的红色和亮度——这也是设计
师前所未有的尝试。这些红色模板围绕成
方形，静默地表达着态度和格局。

从前，他以为"唯有热爱能抵岁月漫长"；
现在，他知道，除了热爱，还有咖啡和梦
能抵岁月漫长。而设计师为它去繁就简、
去精留粗、再度设计，只"瑶"圆梦。也
许，情怀和梦是最好的装饰吧！

设计：合什建筑 & 朴诗建筑
主创设计师：周勇刚
软装设计师：宁夏
摄影：存在摄影
地点：中国 成都

65m²

如何在小空间内满足不同状态客人的需求

叨叨咖啡店

设计观点

- 功能性和装饰性统一
- 运用装饰划分不同空间

主要材料

- 金属冲孔板、木材

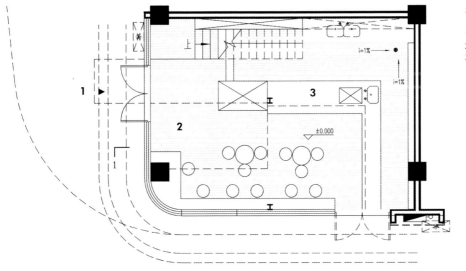

平面图

1. 主入口
2. 门厅
3. 吧台

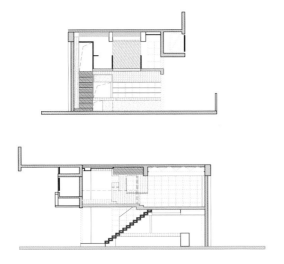

背景

叨叨咖啡店位于成都银泰城商业街区的中心，这是一个面积 65 平方米的两层咖啡店，设计师试图打造一个理想的休闲场所。

设计理念

"我们认为设计从精准地提出问题开始，好的设计就是问题的答案之一。此次项目我们提出的问题是：如何在层高只有 5.4 米且二层完全无采光的空间里让不同状态的客人找到舒适的位置。我们尝试从小空间的多变性，材质与光线的整体性研究着手去解决问题。"设计团队如此解释。

剖面图

在如此狭小的空间里要承载多种行为活动而避免相互影响，设计采用心理上的空间区隔取代物理空间区隔，用满足功能需求的家具界定区域和空间。

一楼的设计相对开放，很多时候逛街疲惫的人们会选择在一楼吃个下午茶，聊聊闲天缓解疲劳。对外的吧台是为等待同伴的人设计的，坐在吧台可以看到广场的全景，而不远处就是银泰城商业街入口。

二楼设置了自助式服务台，免费供应柠檬水和各种辅料，自然地形成了安静的工作空间和小型会议空间。总有一些人喜欢坐在角落，为此设计了天桥并适当抬升地面，使层高压缩，围合感更强，同时也为一层争取到更舒适的空间高度。

非常安静的时候，也可以变成一个人的咖啡店。

暖色木材的体系化使用让空间弥漫着自然舒适的气息，两层交叠的深色金属冲孔板在满足栏杆的功能之外让视线渗而不透，提炼出都市中混合着的感性与理性。

设计：栋栖建筑设计（上海）有限公司
摄影：刘瑞特
地点：中国 南京

70m²

如何通过设计体现咖啡店的创新精神

Uniuni 咖啡店

设计观点
- 打破传统模式
- 运用现代风格材料

主要材料
- 不锈钢

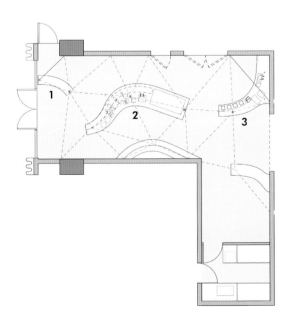

平面图

1. 零售货架
2. 意式咖啡吧
3. 手冲咖啡吧

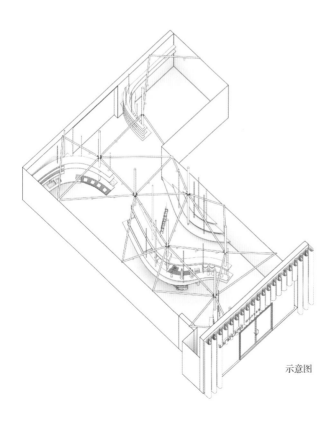

示意图

背景

由栋栖设计的 uniuni 咖啡店坐落于南京江宁金鹰商场一层。Uniuni 是富于创新精神的精品咖啡品牌，在咖啡竞技和烘焙零售方面有独到见解。

设计理念

在充分领会了品牌精神的基础上，传统的空间模式被打破，体验、售卖、咖啡师操作及客座各部分功能被混合揉捏、重新组织。

外立面以带有渐变镂空图案的弧形钢板和玻璃幕墙为主。镂空中透出的红色灯光，晕染在白色钢板和不锈钢顶板之上。不锈钢门框外侧，由一圈红色钢板勾勒而出，细窄的红色钢板增加了立面层次，弱化了不锈钢门框，也体现了精致的品质和克制不张扬的态度。

四个弧形吧台散布在空间之中，咖啡师站在一侧，顾客则可以从吧台的各个角度欣赏咖啡师的操作，同时与其进行互动。咖啡操作台如同舞台空间般被强化，而同时，前后场之间的界限被弱化了。零售货架和闻香体验也被糅合进了 4 个吧台中，使得顾客在穿梭往来空间各部分的同时，能兼顾各种体验。

弧形吧台由竖向不锈钢管以铰接的形式连
接到顶面上。喷涂成红色的横向钢管，在
离地3米的高度，和竖向的不锈钢管铰接。
在强化和稳定了整个结构的同时，也承担
了射灯灯槽的作用。吧台面之上的层板和
吊柜，被竖向不锈钢管穿过并拉结固定，
远观似悬浮于空中。所有的咖啡吧台设备
及蛋糕柜，均使用角钢吊装于吧台面下方
而不落地。上下水亦是经由竖向不锈钢管
和提升泵，自顶面上下。插座使用悬吊的
形式，以可伸缩的线盘和顶面连接。各种
裸露在外的管道和电线，强化了观者对后
场的体验性。

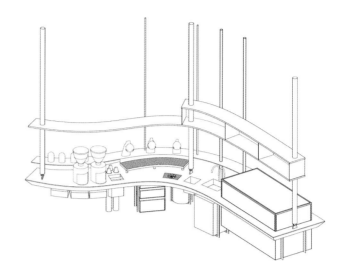

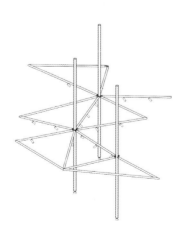

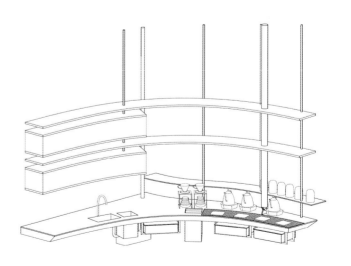

吧台细节图

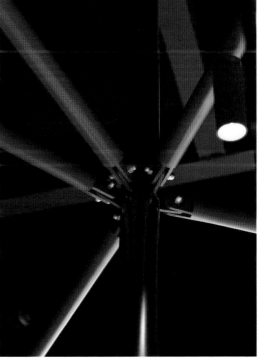

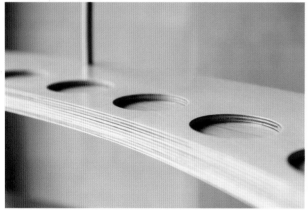

咖啡吧台的滤水槽、分杯器、粉渣桶等，都为不锈钢定制并与吧台面做成整体，闻香杯亦是做到每个定位，并微微嵌入层板之中。弧形吧台侧面向内斜收 45°，为了看上去的轻薄感。吊柜侧面为半透阳光板，阳光板卡入上下实木多层板的槽中，而侧面由不锈钢板的卡槽收边。台面的铰接不锈钢片，由提前开槽的洞口伸入，从下方与吧台面焊接。

设计：大众设计工作室（Mass Operations）
摄影：洛伦纳·达克亚（www.lorenads.com）
地点：墨西哥 蒙特雷

如何打造一个咖啡朝圣地

Antilope 咖啡店

设计观点

- 融合品牌价值和特色
- 秉承尊重咖啡的理念

主要材料

- 木材、大理石

平面图

1. 吧台
2. 女性座区
3. 男性座区

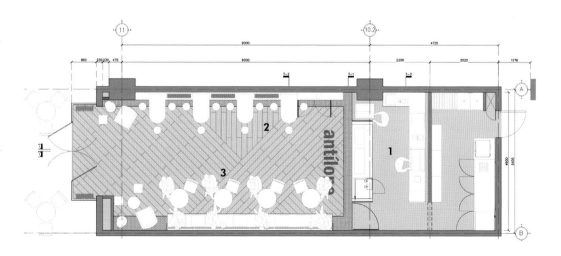

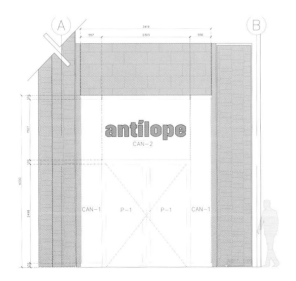

外观立面

背景

这是 Antilope 品牌的第一家实体店,将恰帕斯咖啡豆和 Dulcinea 厨房(店主开办的另一家餐厅)融合在一起。

设计理念

这一设计遇到了许多挑战,一方面需要提供一个自然独特的场所,并将品牌形象及价值融入食物的品质中;另一方面,避免打造单一的空间氛围。为此,设计师最终构思了一个明亮开阔的咖啡店,一个适合每一位客人的咖啡朝圣地。

设计师深受韦斯·安德森（Wes Anderson）电影中关于对称性的影响，将空间一分为二，粉色的柔和（女性）空间和绿色的硬朗（男性）空间，而地面和天花上的对角线造型将这一分割方式进一步强化。两个空间就餐节奏不同，客人可根据自身需求选择，绿色空间适合长时间停留，品尝美食，而粉色空间专门设置了高脚桌，适合需要快餐的客人。

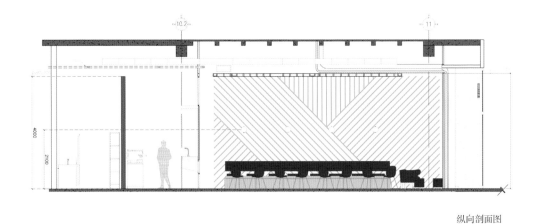

纵向剖面图

另外，设计师大量借鉴了教堂中的元素，如圣坛般的悬浮大理石吧台，从咖啡师的手中接过咖啡，好似接过"圣餐"，然后向牧师祈祷。回到就餐区，和同伴面对面交流，犹如在忏悔一般。

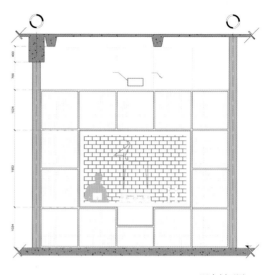

吧台剖面图

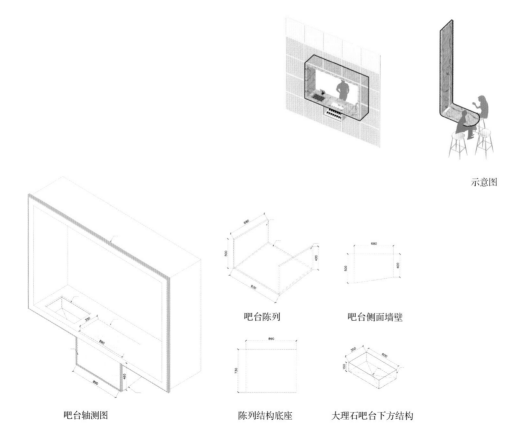

示意图

吧台轴测图

吧台陈列　　　　　吧台侧面墙壁

陈列结构底座　　　大理石吧台下方结构

设计：独荷建筑设计（studio DHO）
地点：中国 上海

如何打造一个能够突显大学校园特色的咖啡馆

时间胶囊咖啡馆

设计观点

- 明确设计理念
- 通过使用相关元素构建空间

主要材料

- 滑轮

平面图

1. 座区
2. 聚会座区
3. 吧台
4. 卫生间

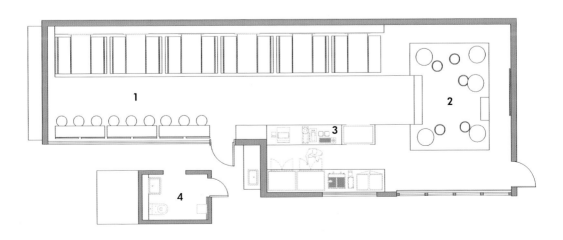

背景

时间胶囊是一家位于中国上海华东政法大学校园的咖啡馆。业主希望建筑师将咖啡的历史和法律的历史一起整合融入这个项目设计中。

设计理念

设计师基于滑轮进行了概念设计，滑轮在法律中被作为平等和公平的象征，同时在咖啡的全球贸易和运输中，滑轮被用作称重工具。

悬臂式桌子是座位区域的显著特征，学生们可以在这里学习和合作。后面的座位是一个多功能区域，可以就座、举办活动或讲课。

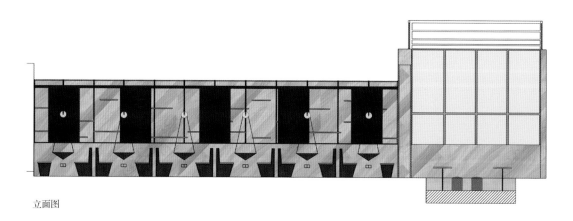

立面图

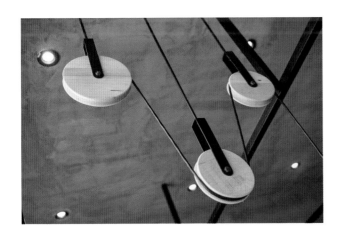

一位当地艺术家被委托在墙体进行个性化的艺术创作，用来定义法律和咖啡之间的联系。

设计：寻长设计

主创设计师：高杰、李煜瑾、邹克阳、郭晶

摄影：谢东叡

地点：中国 上海

95m²

如 何 运 用 艺 术 性 、 装 置 性 、 场 景
感 的 内 容 进 行 空 间 的 塑 造 和 表 达

鲁马滋咖啡

设计观点

• 巧妙选择材质、色彩和造型

• 传递独特顾客体验

主要材料

• 杜邦人造石、四国化成硅藻泥、本土创造饰品

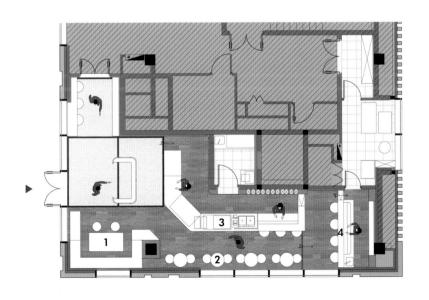

平面图

1. 休闲区
2. 窗边吧台区
3. 柜台
4. 迷你店铺

111

背景

鲁马滋（RUMORS）的名字，脱胎于店主中山惠一先生的师傅小野善造先生的店名（kawang rumor，印尼语含"朋友·家"之意）。烘焙是鲁马滋咖啡的灵魂，他们采用特有烘焙方式，所用时间亦是别人的二倍。因此，用 RUMORS 和 ROAST（烘焙）两个词语的首字母"R"来组成新版的双"R"日式族徽形象，以呼应品牌深层的含义和味道。

设计理念

在鲁马滋咖啡前滩店的设计中，将
RUMORS（朋友·家）这个概念进行了
强化，通过一个写意的屋顶和四周偏矮的
围墙营造了一种典型的日式庭院场景空
间。同时，将鲁马滋在上海第一家店（湖
南路店）的形象氛围植入在咖啡店的一端，
用不同的木色和材质表达出鲁马滋咖啡的
"职人精神"。

写意的屋顶

咖啡店内主空间顶部悬吊一组由导光棒和
红铜管组成的、写意屋顶造型的大型灯具
装置，遮挡了裸顶凌乱的设备及管道，亦
不觉得压抑。屋檐下的一杯咖啡让人迅速
进入"朋友·家"的状态。

日式围墙

所有墙面、柱面在 2.3 米高度以下施以灰
色粗粝的硅藻泥模拟"围墙"的质感，上
部则通过最简单的乳胶漆涂刷及暗藏灯带
令其"消失"，缓和层高带来的空旷和疏离。
店主也希望通过这一圈矮墙的设计在室内
营造一种"室外、室内、室外"的空间效果。

老朋友・家

位于咖啡店尽端的迷你店铺其实是将鲁马滋咖啡以前的形象感觉延伸到新店来，这个区域作为店主亲自服务的"老朋友"区，对店家和客户都有一种非常特别的体验。

店铺平面呈 L 形，不足百平米的空间中紧凑设置了等候、收银、吧台、手冲专属区域、"老朋友"区、烘焙间、备餐间等功能空间，以及满足多人、双人、单人、临时等不同模式的消费区域。除了木、硅藻泥、水磨石等材料外，红铜的加入勾勒出空间的现代气息，并调节了其他材料的温和中庸。

产品包装——咖啡豆袋及挂耳包礼盒
产品设计旨在表达品牌灵魂，同时解决实
际操作的问题。设计师选用鲁马滋咖啡创
始人之一中山惠一先生在烘焙时的人物剪
影作为视觉主题，应用在咖啡袋与挂耳包
外盒图案的设计中。

挂耳包产品将标志色做了百分比递增，直
观表达了鲁马滋四种不同的烘焙度。外盒
边缘特别设计成燕尾结构，易于开启。

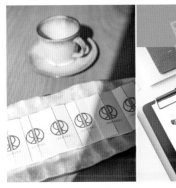

鲁马滋咖啡豆子品类非常丰富，约三十几种。咖啡袋的侧面设计为鲁马滋常备咖啡豆的列表，亦按照烘焙度分为四列，售卖时只需店员勾选即可。解决包装袋库存、品类等问题的同时，更方便客户了解鲁马滋的全系产品。

"我们善于站在客户的角度用'寻常'的方式帮助他们解决问题，并和客户一起站在最终顾客的立场去体验整个商业过程的艺术感、趣味性、舒适度。我们希望能够将美好传递给每一个人。"设计师解释说。

设计：赖俞婷 / 分子设计有限公司
摄影：周亭秀
地点：中国 台湾

如何通过材料运用构造完美空间布局

K · C 咖啡店

设计观点

- 材料单一，但造型多样
- 空间一致性

主要材料

- 天然木皮、不锈钢板、意大利进口瓷砖、实木、吸音板、石头漆

平面图

1. 小花园
2. 入口
3. 操作台
4. 厨房
5. 卫生间

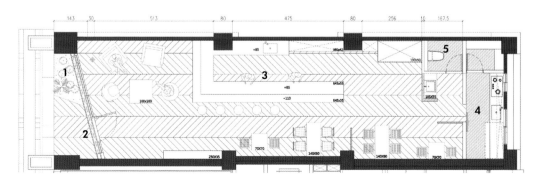

背景

K·C 咖啡是一间现代风格的咖啡店，位于台中雾峰区，总面积只有不到 100 平方米。

设计理念

因为店内的长型格局结构，设计师使用白色作为基调，延续整体的一致性，达到放大及提亮的效果。

室内运用白色立面构筑轻质底调，搭配实木的元素，即便采用素雅背景，也可见人字拼地板、壁板纹路的细致描绘，使场域更添视觉层次；天花部分，透过吸音建材辅助隔音效果，除了间接灯光的装点，也精心选用特别的黑色吊灯，延伸造型划出利落线条，让照明之外的装饰有附属意义。

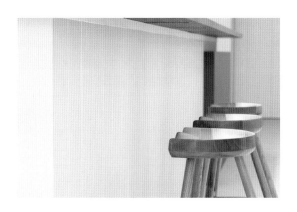

柜台规划于空间的中心点位置，以此达到
多方位互动，增加与客人之间的交流；同
时将实木元素作为唯一的有感色调，选用
不同的木皮或木质，呈现出具有差异的纹
理色调，搭配绿植点缀，调节出空间的生
机与活力！

设计：栋栖建筑设计（上海）有限公司
主创设计师：姜南、马翌婷、王仁杰
摄影：刘瑞特
地点：中国 常州

如何选择和巧妙运用材料

七咖啡

设计观点

- 明确空间氛围特色
- 考虑不同区域特色

主要材料

- 镜面不锈钢、雾面不锈钢、钢丝绳

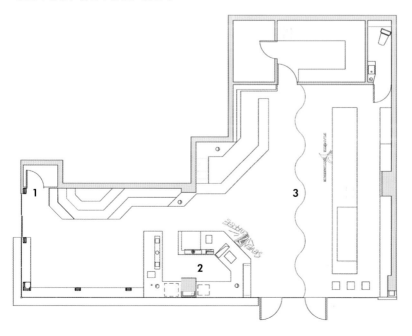

平面图

1. 入口
2. 柜台
3. 座区

背景

由栋栖设计的七咖啡与甜品星球的新店，坐落于常州闹市中心的街角，在旧店址基础上扩大了面积并进行了全新改造。

设计理念

室内空间在平面上呈 L 形，精品咖啡、精酿啤酒和烘焙甜品各自占有 L 形空间的一隅。咖啡和啤酒空间以纯白色的吊顶和地面以及七咖啡的主题黄色为主色调；烘焙甜品区域为全黑色调的空间。黑白两色空间以波浪形的吊顶边缘以及钢丝帘加以分隔，两侧吊顶高度错落不一，区分了不同功能的空间，也消化了室内新旧两部分的顶面高低差。

立面由内外两排波浪形钢丝帘上下牵拉而成，建筑师用坚硬的钢板和钢丝模仿柔软的手工皮具走线，直径 2.5 毫米的钢丝绳在钢板上穿引而过，在底部形成了两排精密细致的弧形走线。

沿街角的五扇提拉窗，在充分上提打开的时候，与黄色的悬挑坐台一起，最大限度地连通室内外。

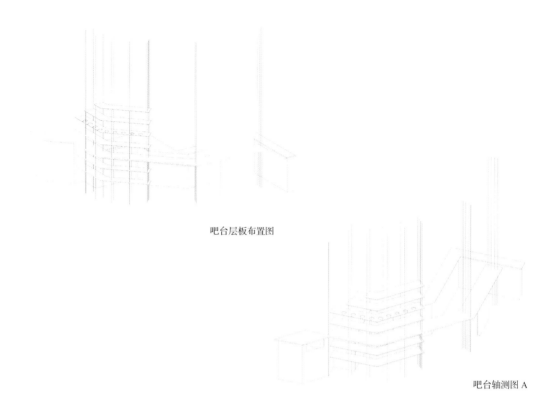

吧台层板布置图

吧台轴测图 A

用于展示的层板架，在进门可见的醒目位置。用单根钢索等距地将其与地面和顶面连接。在人视线的高度，设计有放置滴滤壶的层板架。滴滤壶（FILTER-DRIP COFFEE MAKER）嵌入由激光切割而出的圆形孔洞中，悬挂于层板架上，一同飘浮起来。

室内靠墙的大台阶的面层为喷涂七咖啡主题黄色漆的钢板，底下的垂直面向内收，台阶边沿挑出，营造出了如纸的轻薄感。大台阶垂直面通过镜面被消隐，再次增强了台阶的飘浮感。

室内的吧台以及局部墙面均以雾面不锈钢作为主要材料。吧台面的侧面斜向内收，边沿最薄处仅 10 毫米。间距均等的钢索犹如从地面生长而出，在吧台的几个关键受力点穿过内部钢结构，向上固定到顶面。吧台远观似悬浮于空中一般，钢丝绳则充盈着力量感，整个吧台犹如踮起脚尖的芭蕾舞者，刚与柔恰到好处地平衡在一起。咖啡吧台作为一个整体经过精心设计，手冲咖啡（hand drip）区的秤和洗杯器（Cup rinser）被结合到一起，洗杯器上漏水网（the filter of cup rinser）的激光穿孔被设计为七咖啡的标识。冰槽和洗杯器与吧台面焊接打磨抛光成为一体。这一切的设计都让吧台更加简洁纯粹的同时具有最佳的操作体验。

咖啡机的泵被建筑师特意暴露展示出来，上下水被隐藏在了镜面不锈钢中；而另一侧单品区的上下水则被隐藏在了吧台面的空腔内。这一切都是为了将空间的轻盈感发挥到极致。

吧台轴测图 2

吧台轴测图 3

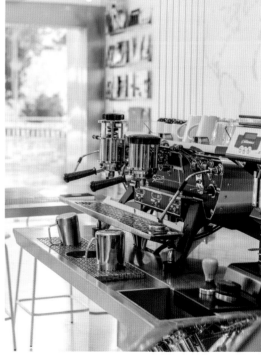

钢索是整个设计的灵魂,贯穿于各个细部之中,并呈现出丰富多变的气质。门头钢丝帘如迎风待舞的丝质裙摆;支撑吧台面的钢索沉稳冷峻,散发着张力;分隔黑白空间的钢丝帘,以琴弦般的优雅自如,平衡着两侧不同功能的空间。

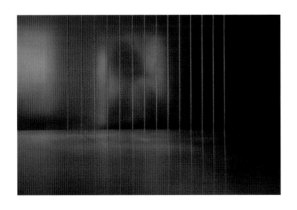

颠覆了传统固有模式休闲人文类咖啡店的最大特色即体现在"休闲"及"人文"特征上，通常其风格简约大方、环境质朴优雅。休闲人文类咖啡店店面通常较小，室内设计要突出精致、独特的特点。以下细节，可供参考。

● 选址

休闲人文类咖啡店不会像快餐店一样选址在闹市区或繁华地段，其目标人群并不是那些希望快速消费的人。因此，学院圈甚至校园里面、外籍人士聚居地，以及一些人气比较旺、文化氛围比较浓厚的风景区附近通常是店主选择的热门场所，以便与质朴、幽雅的风格定位相符合。

2

1

● 主题与色调

首先，要确定空间主题，可以是现代的、传统的、乡村风、都市风，也可以是小猫咪或者是植物园。当然任何喜欢的都可以作为主题。随后，就要考虑空间整体的颜色基调，包括墙壁、天花、地面和家具。切记：颜色必须与空间主题相符，例如如果选择现代风，那么白色或灰色呈现的效果就会很理想，如果选择乡村风，那么泥土色就是最佳选择。(图1、图2)

另外，颜色选择还要注重营造轻松休闲的环境氛围，因此最好摒弃那些亮丽的、缤纷的色调，而中性淡雅的色彩，如棕色、绿色、粉色则比较适合。

家具的色彩只要与空间整体基调相符合即可，温馨色或者冷色均可。建议最好放弃大面积使用蓝色，因为研究表明，蓝色不会激发人的食欲。

● 交通动线

咖啡店内家具及设备摆放应以人们能够自由走动为前提，不仅仅只是为了方便顾客，也要为店内员工预留足够的行走空间。确保充足的动线空间，才能保证服务效率。

● 家具选择

正如前面提到的，家具应该与店内主题和色彩基调保持一致。如果是现代都市主题，那么建议选择黑色或红色的金属家具；如果是传统乡村风，那么木头桌椅则是首选。（图3、图4）

• 装饰物件

在店内装饰一些能够引起视觉注意的物件，如台灯、镜子、画或者雕塑等，不仅能够增加空间趣味性，更能凸显个性。当然，在这之前，还是要考虑空间的色调和主题。举个例子，鸢尾花纹图案的艺术品会使得欧洲古典风格的空间带来更为浓郁的贵族风，而简约风格的墙面装饰物件则会使得现代主题更加突出。（图 5）

7

• 恰到好处的照明

灯光是咖啡店设计的重要因素。确保店内充足的照明，以
为顾客营造一个放松舒适的氛围。一定避免使用过于明亮
或强烈或过于暗淡的照明方式。白天从窗外照射进来的自
然光，亮度远高于人工照明，因此可引进自然光，借此创
造出舒服的空间感。不过，有效利用壁面照明、个性化设
计的吊灯等发光元素，也是为白天店内带来明亮感的重要
方法。夜间照明方面，可在桌面、重点墙面、展示品及主
要区域上配置灯具。不一定要使用整体照明，靠着照射在
桌面、壁面、展示品上的光线所产生的反射光，就能得到
充分的亮度。此外，为了让照明环境能够适合白天、傍晚、
夜间时的不同情况需求，可加装调光功能以便取得均衡的
亮度。（图6、图7）

URBAN
COFFEE
SHOPS

大众时尚咖啡店

设计：安德烈亚斯·彼得罗普洛斯（www.andreaspetropoulos.com）
摄影：vd 工作室
地点：希腊 卡拉玛塔

20m²

如何在遵循简约理念的前提下实现功能最大化

每日一杯

设计观点

- 建筑结构简约化
- 建立与城市的关联

主要材料

- 白石膏、木材、金属

平面图

1. 咖啡吧台
2. 收银台
3. 食物区
4. 清洗区
5. 自助饮料区
6. 寄存柜
7. 洗手间

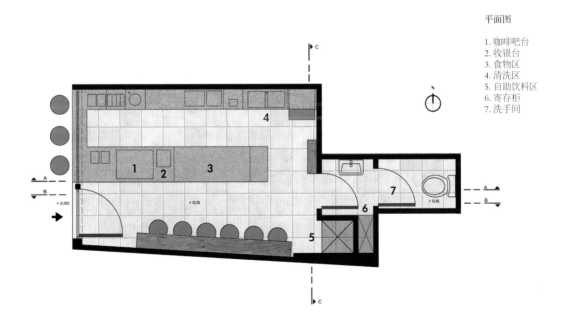

背景

这是一家小巧的外带咖啡店，坐落在卡拉玛塔市中心。室内面积仅有 20 平方米，因此设计师面临的最大挑战就是在如此局促的空间内实现不同功能，营造简约风格。

设计理念

设计师从自然光线出发，强调咖啡店与外部环境的关联，同时注重体现空间特色，这也是顾客和店主关注的重点。

大幅玻璃窗和独特的坐凳完善了咖啡店的外观，同时更建立了与外面的动态关联，将咖啡制作的过程完美地呈现在路人的面前。

内部设计首先简化建筑结构的复杂性。空间动线设计从入口开始，将主要功能区（咖啡区）和辅助功能区分隔开来。

咖啡制作台选择在空间核心区域，这里包括完成制作咖啡的所有物料，而其他与此相关的活动围绕核心结构展开。

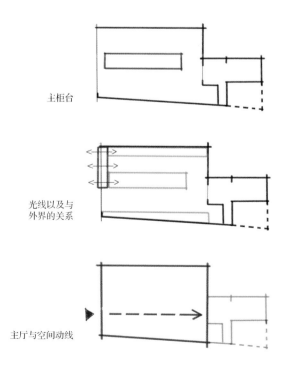

主柜台

光线以及与
外界的关系

主厅与空间动线

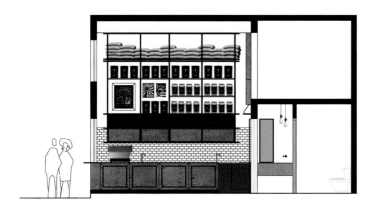

剖面图

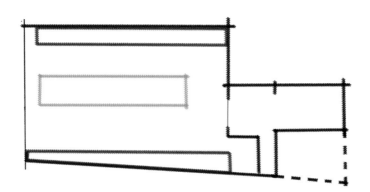

侧面墙壁

设计师充分利用两侧墙壁，以满足多种功能需求。具体说来，这里既可以用来存贮原材料，也可以供等候的客人停留欣赏。其巧妙之处在于，实现了对现有空间高度利用的最大化，同时也丰富了人性化理念。

在材料运用方面，白色石膏用于粉饰墙壁等主体结构，而木材和金属多用在家具上。如此设计既解决了空间需求问题，又营造了统一的空间氛围。

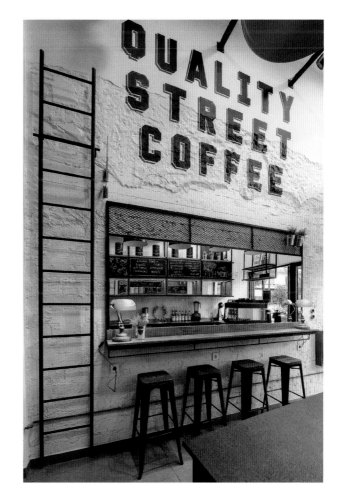

咖啡店遵循单一品牌的美学原则——一家古老风格的小店，让人仿佛穿越到20世纪30年代的纽约街头。同时，咖啡店的名字"Daily Dose（每日一杯）"源自现代日常生活中人们对于咖啡的喜爱。

在空间布局上围绕咖啡制作台展开，让每一位顾客都能感受到制作咖啡的美感，闻到咖啡的香味，听到研磨咖啡的声音。

最后，手写文字、金属指示牌和墙面上的砖石制作都让顾客感觉置身于一个神奇的咖啡世界中。

设计：Normless 工作室（Normless studio）
摄影：乔治·斯法基纳基斯（George Sfakianakis）
地点：希腊 萨洛尼卡

如何打造一个简约的斯堪的纳维亚风格咖啡店

五谷咖啡坚果店

设计观点

- 大量运用白色
- 重复图案造型

主要材料

- 瓷砖、木材

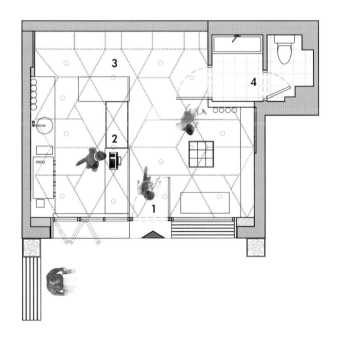

平面图

1. 入口
2. 吧台
3. 陈列架
4. 卫生间

背景

这是一家小型的咖啡店及坚果店，集合现
代咖啡馆的品质特色、斯堪的纳维亚极简
主义和物质性于一身。

设计理念

设计师大量运用白色，营造明亮的基调，
整个空间传递出幸福闲适的周末气息。

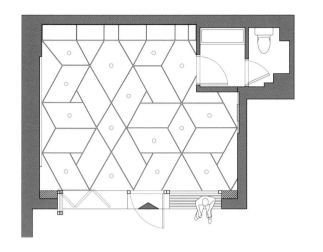

店内空间十分有限，为此设计师将重点放在店面处理上——采用木材将其包裹起来，不仅在视觉上增添了空间内部的进深，更将就餐区和休息区（长凳）延伸到室外，完善了空间功能。

柜台立面采用瓷砖拼接成不同造型图案，别具特色。同时，图案造型被复制到天花设计上，只是将瓷砖换成了木材，用于分隔照明灯具。设计师运用巧妙的方式弥补了空间较小的缺憾，营造了连续统一的氛围。

设计：乔安妮·莫蒂
摄影：艾德蒙·布里霍恩
地点：澳大利亚 墨尔本

42m²

如何通过设计使得小空间的商业功能最大化

霍夫曼先生咖啡馆

设计观点

- 运用创新技术
- 连贯处理不同元素

主要材料

- 混凝土、镜子、铁

平面图

1. 入口
2. 柜台
3. 厨房

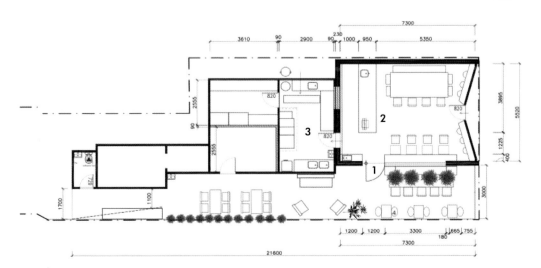

背景

这家咖啡馆的全新形象与原有店面相得益彰，根据季节变化提供不同菜式，是一个独特的休闲场所。精致的氛围让即便是非常挑剔的顾客也能寻求到一处舒适空间。

设计理念

设计灵感源自设计师自己的生活理念，通过对空间、色彩和细节的统一处理使得商业功能得以最大限度的实现，同时又创意十足。这里有很多座区，以满足每一位顾客的需求；这里与大众咖啡店不同，摒弃了当时流行的通过材质和色彩或者工业风的时尚家具大肆渲染的场所。设计师反其道而行，重拾传统材质、色彩和风格，并通过现代方式进行诠释。另外，细节在这里得到了格外的重视，从入口地面处理到空间舒适度，从特别采购的餐具到定制的茶盏，无一不彰显着设计师的用心。

手绘图

设计师在室内外空间运用了大量的创新技术，如在背光标牌正面喷漆，实现了传统霓虹标识的现代化演绎；将传统人字拼接图案柜台延长，带来了现代艺术效果；让壁纸从天花上延展下来，拉长了空间高度同时营造了柔和气息。另外，柜台位置确定了长桌的摆放，省去了额外增添墙壁的需求。采用传统的篮子编织方式打造黄铜水槽，进一步凸显现代创新设计方式。

咖啡店内美丽而温馨，和谐而安静，处处洋溢着精致的细节。环境是对美食的完美补充，展现了现代澳大利亚旧世界的魅力。色彩搭配构成了良好的基础，充满男性活力气息的英国赛车绿与蕴含女性柔和特质的典雅粉红色恰到好处地融合在一起，能够引起顾客的共鸣。同时，大理石以超薄型瓷板的形式出现，呈现出永恒的品质。专门定制的柔和色调的壁纸与整体色彩和风格协调一致，独特的天花装置更增添了神奇的视觉效果。

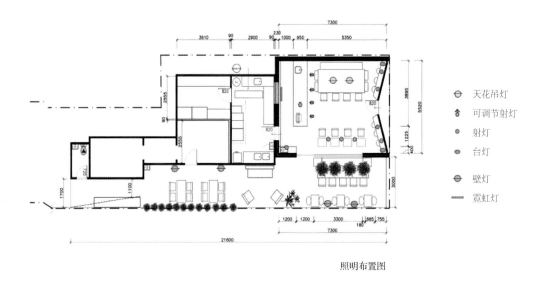

照明布置图

	天花吊灯
	可调节射灯
	射灯
	台灯
	壁灯
	霓虹灯

室内家具是专门定制的，营造了一个统一的空间氛围。为确保营造连续性的设计与色彩体验，黄铜（色）被运用到了家具、照明灯饰和水槽上。超大的开窗使得内部更加开敞明亮，与建筑的古老风格相匹配，未经处理的木材和窗外悬垂下来的绿色植物为空间注入了些许的自然气息。

设计：materiality 工作室（studiomateriality）
摄影：阿琳娜·拉法
地点：希腊 雅典

如何在咖啡店中营造独特的舞台感

Coffix 咖啡店

设计观点

- 模仿怪诞实验室形象
- 夸张的色调与装饰

主要材料

- 瓷砖、LVT 地板、定制家具（铁、木材）

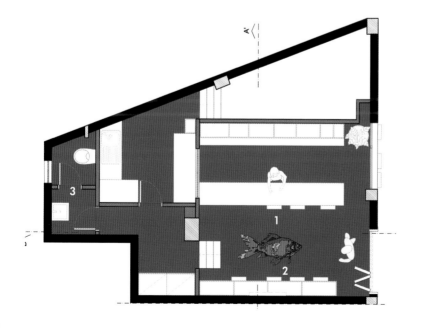

平面图

1. 柜台
2. 咖啡区
3. 卫生间

背景

Coffix 咖啡店以白色为主色调，整体空间格外明亮。咖啡可以说是每天清晨的提神剂，可以让一天的生活变得更美好！这正是设计师在这个项目中所秉持的理念。

设计理念

客户要求打造独特的舞台体验，将顾客带入一个奇妙的咖啡世界。设计师以此为起点，完美诠释出一个和谐而简约的舞台风格空间。

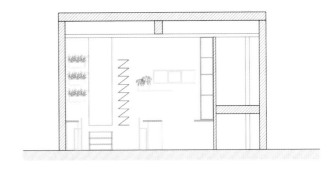

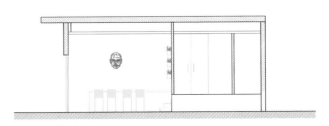

剖面图

明亮的蓝色地面、闪亮的白色墙砖、淡粉色的天花以及黄色的坐凳完美地搭配在一起。面部造型的灯箱结构放置在吧台上方的墙壁上，顾客在喝咖啡的时候抬头便可见。工作人员穿戴着专门定制的白色制服和彩色丝巾，着重渲染了"怪诞实验室"的形象。

多彩的空间以及超大的充气狗形象瞬间点亮了每一位走进这里的顾客的心情。

设计：Evonil 建筑事务所（Evonil Architecture）
摄影：Bluprin 工作室
地点：印度 雅加达

55m²

如何为顾客及心爱的宠物打造一个独特空间

Barkbershop 咖啡店及宠物美容院

设计观点

- 现代简约风
- 营造家的氛围，从而建立主人与宠物之间的联系
- 集趣味、美感于一身，打造温馨气息

主要材料

- 混凝土、瓷砖、木材

平面图

1. 柜台
2. 咖啡区
3. 卫生间

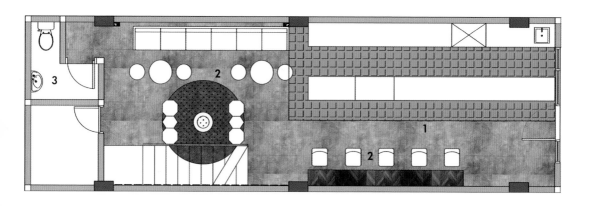

背景

咖啡店位于一层，而宠物美容院位于二层，如此布局为等候给宠物美容的顾客提供一个休闲空间，增加客人之间的交流。

设计理念

设计灵感源自明亮、清新而有趣的咖啡店室内环境，从而为顾客和心爱的宠物营造互动空间。

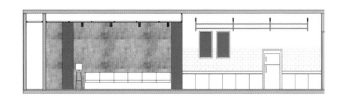

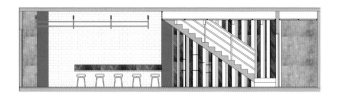

剖面图

现代工业风与俏皮的街头文化主题相结合，营造出温馨氛围，为顾客和他们心爱的宠物提供了一个舒适好玩的场所。

临近入口处的零售空间上方采用悬浮天花造型，打造了温馨的居家氛围。咖啡店内预留了足够的空间供顾客和宠物互动，而商品陈列则布置在吧台后面的墙壁上。

单一的灰色地面简约而整洁，吧台上展示着各种各样可爱的小物件，而背墙悬挂的菜单板采用独特的方式照明，增添了趣味性。

设计：99 设计工作室（www.ninetynine.nl）
摄影：爱沃特·胡博思（www.ewout.tv）
地点：荷兰 阿姆斯特丹

6om²

如何让顾客在享受咖啡带来的热情的
同时感受到家的温馨

NAKED 浓缩咖啡店

设计观点

- 用心选择材料和色彩
- 注重细节

主要材料

- 墙面——石膏、油漆（淡绿色＋蛋壳白）、莱茵锌复层
  （Rheinzink，铅灰色）、椴木板（不同规格）
- 地面——福尔波复合地板（Forbo Eurocol，黑灰色）、
  万戴安砖（Vandersanden）
- 天花——石膏、油漆（淡绿色）
- 装饰照明——吊灯（Bolichlichtwerke）、壁灯
  （Bolichlichtwerke）、Casper 吊灯（Frandsen）

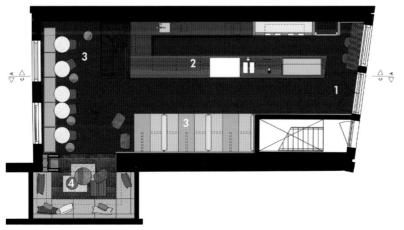

平面图

1. 入口
2. 柜台
3. 咖啡区
4. 私密空间

背景

NAKED 浓缩咖啡店是一个全新的浓缩咖啡吧概念。创始人对咖啡充满热情，并通过创造现代而永恒的顶级浓缩咖啡店，尝试着努力与客人分享咖啡带来的激情。店主的愿景是创造一个让客人有宾至如归的感觉并享受自我的地方，同时近距离体验专业咖啡师的热情。

设计理念

咖啡店的名字意指一种具体的制作咖啡的方式，而设计师则单纯从"Naked"（裸露）的字面意思中获得灵感，运用咖啡豆原始的颜色到经烘焙过程中的不断变化的颜色（柔和的淡绿色到浅棕色再到深棕色）作为空间主色调，并将不同质感（柔和和粗糙）的材料融合在一起。

咖啡店内部布局呈直线形，长长的柜台立面采用深棕色砖材装饰，而表面则采用橡木覆盖，指引着顾客走向咖啡店深处。另一侧，木质座椅选择粗犷的毛皮细节点缀，邀请着顾客坐下来欣赏咖啡师制作咖啡的过程。

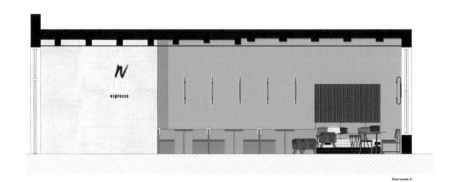

Doorsnede A

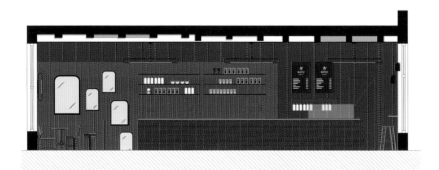

剖面图

绿色墙壁上装饰着黑色线型壁灯，与对面吧台背景墙（采用深灰色锌板和回收木板打造）形成鲜明对比。长木凳上铺着干邑棕色皮坐垫，大理石咖啡桌沿着墙壁摆放，营造出典型的露台咖啡店氛围。空间深处隐藏着又一个舒适的座位区，供长时间停留的顾客使用。毋庸置疑，咖啡是这里的主角，但天花上沿着柜台依次排列的三盏枝形吊灯也着实格外吸引眼球（同时作为 NAKED 连锁店的特色装饰元素）。

设计单位：mintwow 设计工作室
摄影：杨敏 /mintwow 设计工作室
地点：中国 宁波

如何将咖啡店打造成一个能够形成短暂
链接的交往空间

Na'咖啡站

设计观点

- 对于城市界面抱有开放的心态去面对城市中的生活
- 在空间上，以隐藏的方式，消减建筑的存在感，从而获得亲切自在的感受
- 采用多样的界面与周边建立联系，比如数字混合绘画的大幅壁画营造的茶座空间

主要材料

- 马赛克、人造石、涂料

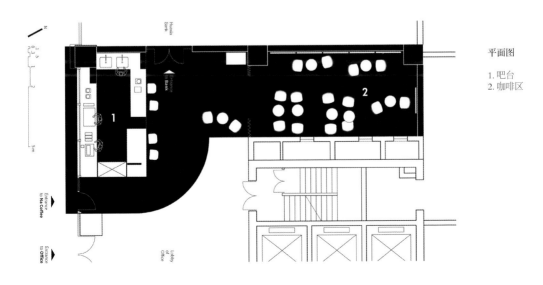

平面图

1. 吧台
2. 咖啡区

背景

"Na'"是一家位于办公大堂的独立品牌咖啡站。店主旅澳多年，酷爱咖啡。澳洲的街头有许多小型的咖啡店，路人点上一杯咖啡，通常会跟老板闲聊上几句再离开，周而复始。

她觉得这种短暂的介入关系非常的迷人，仿佛咖啡店变成了一个偶发交往的场域，这里面，会遇到昨天遇到过的人，也会遇到从没遇到过的人，然后喝着咖啡，随心聊天，形成短暂的链接，意识到彼此的存在，然后散去，周而复始。所以"Na'"就像是她的那盏煤油灯的灯光。

设计理念

设计师隐藏原有的习惯性联想，使得空间中的元素更自然地融入使用的环境中。

这里原先是大楼物业自营的果汁铺子，沿街的内侧是卡座，核心筒西侧狭长的设备检修通道是吧台。经过的路人主要有三类，大楼里的办公人员、附近中学的学生和周边的居民。

按照原先果汁铺的布局方式，店主固守在大堂深处的吧台内，无望地等待着路人的进入，她与街道上人群的关系是断裂的，没有对视，也无法对话。这与街头咖啡站的理想图景相背离，于是我们很快便达成了将吧台移至外街的共识。由此店主做咖啡的动作、食物的香气、话语的声音可以和路人形成直接的链接，信息的交互有了端口。

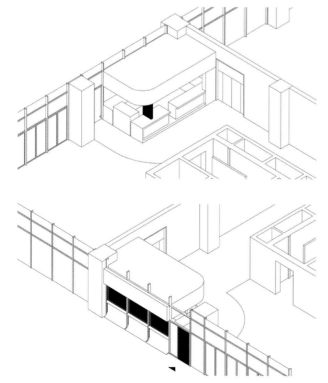

轴测图

靠外街的位置是大楼的通高大堂，移出来的吧台虽然足以满足日常的使用，但却力量单薄，容易使咖啡站沦为面目模糊的小铺，它还索求着一个更明晰的场域和个性化的视觉形象来装点它的出场。

新增交互空间需要两个条件：卸下若干块的幕墙玻璃以及新增一个独立的出入口。出于安全等的考虑，没有更改原有的幕墙结构，咖啡站利用增加的钢结构解决自身的承重问题。

卸下玻璃后，原有的幕墙结构如果任其表意，它的习惯性词意会自然而然的让人意识到这里本不应该有店铺的功能。为了尝试打断它原本的信息传递，设计师用了三种方式区分叠盖：上部是店招；中部是竖向电动窗的窗框；下部是切分曲面马赛克的竖向装饰性线条。相较于文字，通过空间来进行设计者和使用者之间的信息传递，后者会产生更大的损耗和偏差。混合着传递偏差和新旧词意，设计师希望人在看到店铺的时候，首先会潜意识的联想到"这里有一家值得信赖的咖啡店"。

对于如何传递新增物体的信息，他们想要尝试"隐"的方式，即隐藏原有的习惯性联想。比如希望人们在看到"柱子"的瞬间不要联想起并意识到"它们是柱子"的这个含义。于是他们试着用其他更为显眼的词意去覆盖原意。在这个具体的个案上，"菜单板"这个词意被推到了"柱子"的前面：将原本 40 毫米尺寸的方钢放大到人不会第一时间意识到它是柱子的扁长尺寸（60 毫米 x 750 毫米），表面黑板漆的处理让它变成了一块可以随季节变化内容的双面菜单板。

在主营外带业务以及预算有限的前提下，内部茶座区的存在意义更像是一个彩蛋。空间设计基本维持原貌，只是利用浓重的装饰画来改善原有暗色大理石墙面带来的压抑氛围。这组装饰画是一个数字化的混搭拼贴实验：原始素材来自敦煌壁画《金刚力士》（第251窟，北魏）、《九色鹿经图》（第257窟，北魏）、《五台山图局部》（第61窟，五代）和电影《西游记女儿国》（2018）的绘画版海报，重组构图后制成六幅1300毫米x 3500毫米的印刷品，每幅之间留空10毫米，装裱上墙后循着整体氛围局部手工添加金色颜料。特地做成分开的画幅是有感于间隙之间的联想魅力，未完，而可想。

设计：Shed 设计公司
摄影：Shed 设计公司
地点：英国 伦敦

67m²

如 何 打 造 一 家 极 具 美 感 的 咖 啡 店

Feya 咖啡店

设计观点

- 运用人造花和人造蝴蝶装饰
- 食物本身亦是装饰

主要材料

- 卡拉拉白大理石、黄铜、彩瓦、人造花

平面图

1. 入口
2. 咖啡店主要空间
3. 工作间
4. 顾客卫生间

背景

Feya 咖啡店位于伦敦马里波恩区，是一个美丽如画的休闲空间。设计师大量运用了柔和色调和人造花装饰。

设计理念

店主希望充分运用他们已有的丰富知识，要求打造一个令人难忘和感到惊讶的休闲场所。

咖啡店与美丽如画的塞尔福里奇百货店和圣克里斯托弗购物街毗邻，室内空间以覆盖天花的鲜花和蝴蝶制作的大型装置为主要特色，令人过目难忘。即便是普通的菜单，也设计得格外精致。开满"鲜花"的枝丫延展出来，将顾客环绕在花的海洋中，营造出浪漫场景。柔和的灯光搭配天鹅绒靠背椅更是散发出奢华休闲的气息。

独特的装饰与简约的几何造型和空间秩序感相得益彰：独立柜台采用卡拉拉白大理石打造，黄铜架子用于展示产品和包装结构，橱窗中整齐地摆放着装着店内产品的玻璃钟罩，好似传统的蝴蝶标本陈列，别具特色。

BUT
FIRST
COFFEE

设计：NORMLESS 建筑设计工作室（NORMLESS ARCHITECTURE STUDIO）

摄影：科斯塔斯·斯帕迪斯

地点：希腊 萨洛尼卡

70m²

如何充分诠释街头咖啡店的文化

九杯咖啡店

设计观点

- 模糊室内外空间的界限
- 将城市街道景观引入到室内

主要材料

- 黑色瓷砖、木材、饰面材料

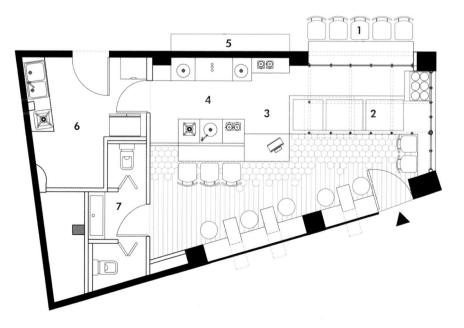

平面图

1. 室外吧台
2. 服务台
3. 收银台
4. 室内吧台
5. 长凳
6. 厨房
7. 卫生间

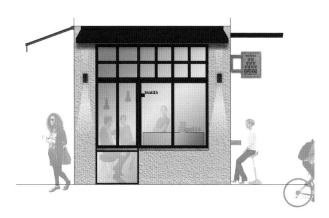

室外立面图

背景

全新的九杯咖啡店选址在学校中心区，对面便是备受欢迎的城市广场，旨在重新诠释街头咖啡文化。

设计理念

咖啡店主人希望在这个全新的空间内供应其最好的咖啡和食物，同时满足顾客对于现代生活的高品质需求。

设计模糊了室内外空间的界限，休息区和吧台区都非常灵活，从室内外均可进入。四周安装了专门定制的金属窗，如此一来，咖啡店和街道似乎已经融为一体。窗户打开之后，吧台区一直延伸到雨廊下，增添了一倍的空间。沿街一侧，木桌可以滑动转变方向，顾客可以一边欣赏城市街景，一边品尝美味咖啡。墙壁选用 Asteris Dimitriou 的壁画装饰，格外引人注目，并已经成为咖啡店的主要标识。

室外立面图

室内立面图

咖啡店内的狭长空间通过一个长长的木质吧台（包括金属灯箱造型的收银台）一分为二：休息区和吧台区。特别提到的是，所有的木作都是由当地匠人手工打造。开门进来的一瞬间，立刻会被独特造型的地板而吸引——这是由层压板和六角形黑色瓷砖拼接而成，贯穿整个空间的地面，并一直延伸到吧台立面上。此外，咖啡店内外的墙壁和天花都选用一种天然的饰面材料（Kourasanit）装饰。

全新的咖啡店随着空间、产品和城市景观的变化而不断变化着。

设计：Catherine Catherine 设计公司
摄影：拉斐尔·席柏杜
地点：加拿大 魁北克

如何实现咖啡店和陶艺馆的完美融合

Les faiseurs 咖啡馆及陶艺馆

设计观点

- 运用对比手法
- 通过细节进行融合

主要材料

- 枫木、瓷砖

平面图

1. 咖啡座区
2. 长桌区
3. 服务吧台

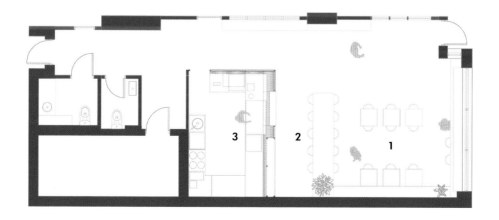

背景

全新的 Les faiseurs 咖啡馆及陶艺馆位于圣劳伦大道 6564 号，客人可以在这里品尝咖啡，欣赏当代陶艺作品，学习相关陶艺课程。咖啡馆可容纳 29 人，带有风景如画的夏季露台，面向所有人开放。

设计理念

业主要求打造一个明亮温馨的空间氛围。为此设计师选用对比的手法，咖啡店相对优雅，而陶艺馆相对简约。此外，他们选用亮丽的色彩并制作了一面图画墙，增添了整个空间的活力。

咖啡店空间规划强调最大限度地运用自然光线，同时休息区倡导多样化，包括窗边的吧凳区和内部的长桌区等，其中一棵"大树"从桌子中"长"出来，别具特色，更满足了不同顾客的需求。

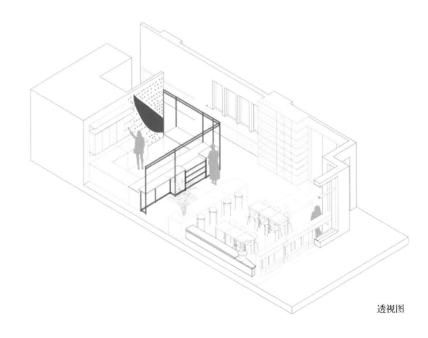

透视图

备餐区设计将简约发挥到极致，并设置在
角落位置，便于顾客来回走动。此外，这
里还包括一个"大型"的"展览馆"，供
顾客购买当地特色产品和陶艺制品。

设计：Party 空间设计有限公司（Party Space Design Co., Ltd.）
摄影：F Section 工作室
地点：泰国 曼谷

如何将抽象的声音元素植入到咖啡店

"破壳而出" 咖啡店

设计观点

- 寻求相关元素并加以细致运用
- 着重考虑顾客体验

主要材料

- 木材

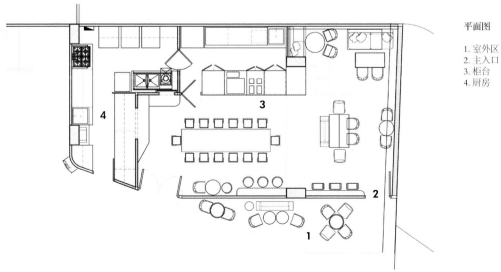

平面图

1. 室外区
2. 主入口
3. 柜台
4. 厨房

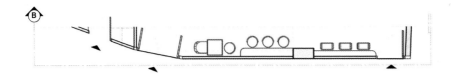

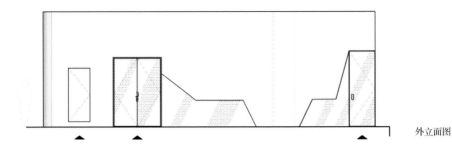

外立面图

背景

这一咖啡店选址在曼谷，自开业以来已成为当地的热门目的地，备受当地居民和国外游客青睐。

设计理念

最初灵感源自人们吃华夫饼时所发出的声音——C-R-A-C-K。设计师以此为基础进行延伸，最终以一只小鸡试图破壳而出的具象概念作为咖啡店设计的主要理念。此外，还包含另一层含义，即烹饪鸡蛋之前将其破壳的声音。

建筑的外观设计模仿蛋壳的质感，外立面的墙壁保持了原始的纹理，巨大的"裂缝"从地面向上延伸一直蔓延到室内。

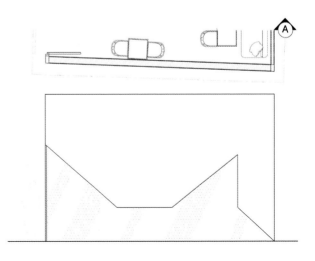

外立面图

店主要求打造一个温馨的场所，犹如朋友的家一般。家具和照明装置没有固定的位置，随意摆放，平添了空间活力。尤其需要提到的一点是，设计师专门选择了圆形的灯饰，好似鸡蛋，而其散发出的柔和的光线则更增添了温暖气息。

客人可以透过裂缝看到厨房内部的场景——简洁的咖啡师工作台采用木质台面和优质不锈钢轮廓打造，菜单选用磁铁板（灵感源自居家空间中冰箱上的磁贴），别具一番特色。

设计的另一个亮点是将所有的"裂缝"结合起来，从外立面到空间内部，并在其间搭建统一的关联感。

大 众 时 尚 咖 啡 店 设 计 技 巧

大众时尚咖啡店消费群体主要是大众时尚人群，不仅
仅提供各种美味的咖啡饮品，还提供各种风味的中西
简餐。店内装饰要随和、亲切，风格较大众化。目前，
此类咖啡店在国内二三线城市发展空间较大。以下相
关设计技巧，可供参考。

• 店面
咖啡店店面设计中，顾客进出门位置需给予特别关注。
一般小型咖啡店的进出门，最好设置在两侧（左侧或
右侧），避免影响店内实际使用面积和顾客的自由流通。
店面外观装饰材料可以选择薄片大理石、花岗岩、不
锈钢板、涂色铝合金板等新型材料。与传统的木材或
者混凝土相比，石材更加稳重、高贵、庄严，金属则
明亮、轻快、富有时代感。另外，随着季节变化，可
以安置遮阳篷，使地面更加清新、活泼。（图1、图2）

3

• 色彩

咖啡店色彩运用需考虑目标顾客特点以及咖啡特性等因素。色彩使用得当，可以突出气氛。例如，在暗淡的背景上配以明快的色调，可以让人将目光聚焦到陈列的咖啡上；在中性色调背景下加上冷色或暖色，可以起到良好的衬托效果。暖色或冷色是主色的选择，可随个人喜好改变，但不能忽略咖啡店的特性与色彩的关系。例如，整个咖啡店都用金属色，可能会产生一种冰冷的感觉，如果再配上刺眼的亮光，那么恐怕就很难让顾客驻足了。这远不如温馨或柔和的色调更能吸引顾客。

不同的色彩对人的心理刺激并不相同。紫色显得华丽、高雅，黄色显得柔和，蓝色显得神秘，深色显得整洁、大方，红色则显得热烈。切记，色彩的运用不是单一的，要综合考虑。（图3、图4）

• 布局

小型咖啡店在布局和装饰上，可以参照以下原则：

防止人流进入咖啡店后造成拥挤，确保主干道的宽度，保持道路通畅；

动线运用合理，确保店内人员的服务效率；

吧台应设置在显眼的位置，方便顾客咨询。收银台设置在吧台两侧且应高于吧台；

咖啡店内设置一个可供顾客休息的座区。

• 装饰

在墙壁和天花板上要适当地陈列出能够体现咖啡各种风格的图片，如风景画、人物画像等，既可以诱导顾客的食欲，也能映照出咖啡店的气氛。除此之外，自然盆栽等也是调节店内气氛的不错选择。

店内采光较弱的部分，可以摆放一面镜子，使整个空间显得更加明亮宽广。（图5、图6）

5

6

索引

图书在版编目（CIP）数据

    小空间设计系列 Ⅱ．咖啡店／（美）乔·金特里编；李婵译．— 沈阳：辽宁科学技术出版社，2020.5
    ISBN 978-7-5591-1167-8

    Ⅰ．①小… Ⅱ．①乔… ②李… Ⅲ．①咖啡馆－室内装饰设计 Ⅳ．① TU238.2

    中国版本图书馆 CIP 数据核字（2019）第 078857 号

出版发行：辽宁科学技术出版社
           （地址：沈阳市和平区十一纬路 25 号 邮编：110003）
印　刷　者：上海利丰雅高印刷有限公司
经　销　者：各地新华书店
幅面尺寸：170mm×240mm
印　　张：13.5
插　　页：4
字　　数：200 千字
出版时间：2020 年 5 月第 1 版
印刷时间：2020 年 5 月第 1 次印刷
责任编辑：鄢　格
封面设计：关木子
版式设计：关木子
责任校对：周　文

书　　　号：ISBN 978-7-5591-1167-8
定　　　价：98.00 元

联系电话：024-23280070
邮购热线：024-23284502
http://www.lnkj.com.cn